AF400469

Uwe H. Sültz

COMPACT CASSETTEN REPORT

Teil 1: SAMMELN – TIPPS – KAUFBERATUNG – GESCHICHTE

BoD - Books on Demand

Norderstedt 2017

Bibliografische Information durch die Deutsche Nationalbibliothek

Die Deutsche Nationalbibliothek verzeichnet diese Publikation in der Deutschen Nationalbibliografie; detaillierte bibliografische Daten sind im Internet über http://dnb.dnb.de abrufbar.

Herstellung und Verlag:

BoD – Books on Demand, Norderstedt

ISBN 9-78374-3-12528-5

**Der COMPACT-CASSETTEN-REPORT, Teil 1 „SAMMELN",
befasst sich mit dem, wie es der Titel schon sagt,
Sammeln von Compact Cassetten. Was ist zu beachten?
Welche Cassetten sind wertvoll? Wo finde ich Compact
Cassetten? Diese und weitere Fragen sollen geklärt
werden. Der COMPACT-CASSETTEN-REPORT wird mit
weiteren Themen fortgesetzt.**

GESCHICHTE:

Die ersten PHILIPS Cassetten wurden mit Schrauben und Muttern
verschraubt. Alle EL 1903-01 sind nach diesem Prinzip zusammengesetzt
worden, ebenso die Cassetten-Beigaben zu Recordern mit PHILIPS-Chassis vor
1966. Die erste Cassette beinhaltete ein Ferroband, auch heute werden noch
neue Cassetten div. Hersteller produziert, wie zu Beginn der Ära mit
Ferroband.

Die EL 1903-01 wurde am 8.1.1963 von PHILIPS vorgestellt. Sie hatte keine
Löschnasen und war schwerer als nachfolgende Modelle der 1960/1970'er
Jahre. Das Band kam von BASF, ein sogenanntes PES 18-Band. Die
Buchstabengruppe LGS und PES weisen auf den Aufbau des Bandes hin. Bei
LGS steht das L für LUVITHERM, dem vorgereckten Kunststoffträger (PVC).
Die Typenbezeichnung PES deutet durch die Buchstaben PE auf Polyester als
Trägerfolie hin. Typ PES 18 ist das dünnste Band. Es wurde in erster Linie für
tragbare Batteriegeräte entwickelt, auf denen nur Spulen mit kleinem
Durchmesser verwendet werden. Diese Geräte haben den für PES 18
notwendigen geringen Bandzug. Die Zahl hinter der Buchstabenreihe, bei PES
18 die 18, gibt die Gesamtdicke des Bandes (Träger plus Schicht) in
tausendstel Millimeter an. Je dicker das Band ist, umso robuster ist es. Somit
ist das PES 18-Band, das in der weltersten PHILIPS Compact Cassette von
BASF geliefert wurde, nur 18 tausendstel Millimeter stark. Lou Ottens
entwickelte damals den weltersten Compact Cassetten Recorder (Pocket-
Recorder) PHILIPS EL 3300. Maßgeblich beteiligt im Team waren J.J.M.

Schoenmakers und Peter van Sluis (die Urkassette EL 1903, den Recorder und den Mechanismus). Parallel wurde in Wien ein Einlochsystem hergestellt. Diese Einlochkassette ist hier ebenso zu finden. Die Einlochkassette wurde nie der Öffentlichkeit vorgestellt, PHILIPS entschied sich für das Zweilochprinzip, der zukünftigen Compact Cassette. PHILIPS wollte einen internationalen Namen, also „Compact Cassetten Recorder", alles mit „C" geschrieben. Außerdem waren sich andere Hersteller nicht einig. Der erste Recorder wurde am 30.8.1963 auf der Funkausstellung vorgestellt. Der erste Verkauf war in der 42. Woche 1963. Ab November 1964 wurde der Recorder in Amerika von NORELCO vertrieben, CARRY CORDER 150. Hier legte man eine Cassette EL 1903 mit NORELCO-Aufdruck bei. 1965 stellte PHILIPS die Technologie allen zur Verfügung. Das war der Startschuss für die vielen Compact Cassetten. Die zweite PHILIPS Cassetten-Generation nannte man EL 1903-118D. Am Anfang wurden auch sie mit Schrauben und Muttern zusammengehalten. Danach mit Blechschrauben, danach geklebt. In der Übergangsphase wurden auch die für Schrauben hergestellten Gehäuse einfach geklebt. Ab 1975 wurde wieder verschraubt. Die letzten PHILIPS-Generationen gab es Ende der 1990'er Jahre.

TIPPS:

-Cassetten regelmäßig umspulen

-Klebestellen zwischen Band und Vorspannband kontrollieren

-weißer Pilz schadet nicht, abwischen, umspulen, Folien säubern

-Neben dem Band ist auch die Gleitfolie ein Verschleißteil

-verklebte Gehäuse sind stabiler, lassen sich aber nicht öffnen

-verschraubte Gehäuse nachschrauben

-nicht senkrecht stehende Bandumlenkstege verursachen Azimutfehler, dann lieber nur die Bandführungsrollen benutzen

-Andruckfedern geben nach, nachbiegen oder erneuern

-Andruckfilze werden schmutzig, können sich lösen, erneuern

-die Lackschicht, in der die Magnetpartikel eingebunden sind, ist nicht bei allen Herstellern gleich abriebfest, Köpfe, Welle, Rolle reinigen

-Laufwerk staubfrei halten

-Bandsalat entsteht durch elektrische Aufladung der Gleitfolien, durch verschlissene Gleitfolien, durch verschmutzte Andruckrolle oder Welle, durch defektes aufwickeln (Kupplung)

Kaufberatung:

Es gibt unendlich viele Compact Cassetten. In dieser Folge befassen wir uns nur mit PHILIPS-Cassetten. Die wertvollste wird die Einlochkassette sein, da sie, aufgrund der Geschichte, nie in der Öffentlichkeit zu sehen war.

Sehr wertvoll ist auch die welterste Compact Cassette EL 1903. Von 1963 bis 1965 fertigte nur PHILIPS Compact Cassetten. Dem Recorder für die USA wurde 1964 ebenfalls eine EL 1903 dazugelegt, aber mit NORELCO-Aufdruck.

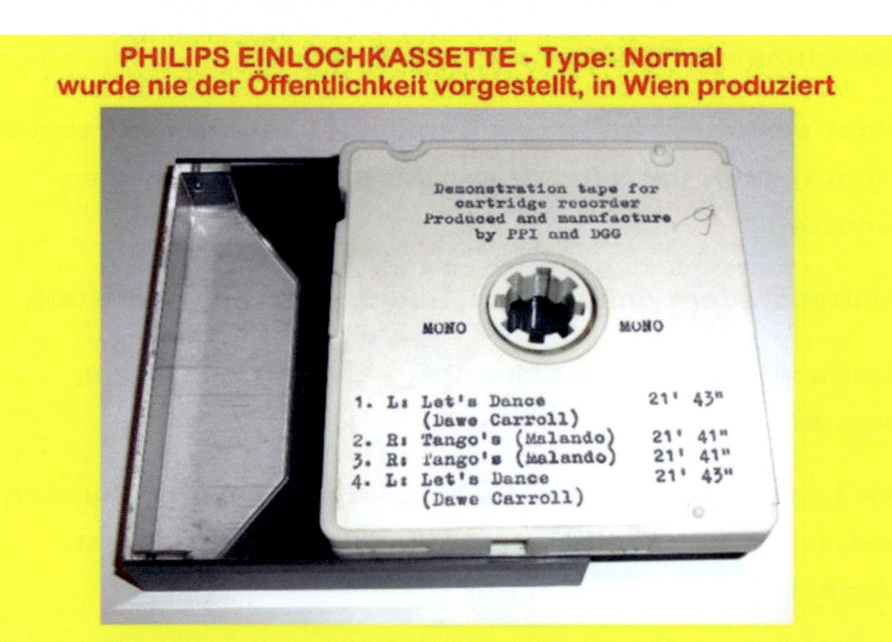

Hier nun die welterste Compact Cassette.

In den USA wurde die EL 1903 als NORELCO den Recordern beigelegt.

Dieser Teil 1, „SAMMELN", soll ein Leitfaden sein, die PHILIPS-Cassetten zeitlich richtig einzuordnen. Nehmen Sie ihn mit auf Trödelmärkte und streichen Sie die Cassetten ab, die Sie bereits besitzen. Eine große Auswahl ist auf Verkaufsplattformen im Internet, etwa Ebay, zu finden. Stellen Sie dabei die Sucheinstellung auf WELTWEIT. Gerade in den USA und Kanada sind Kostbarkeiten zu finden.

Wenn Sie eine Cassette erworben haben, überprüfen Sie zunächst die Klebestellen zwischen dem Vorspannband und dem Bandmaterial. Gerade bei geklebten und nicht geschraubten Cassetten ist das sehr wichtig!

Hier die zweite Generation der PHILIPS-Cassetten:

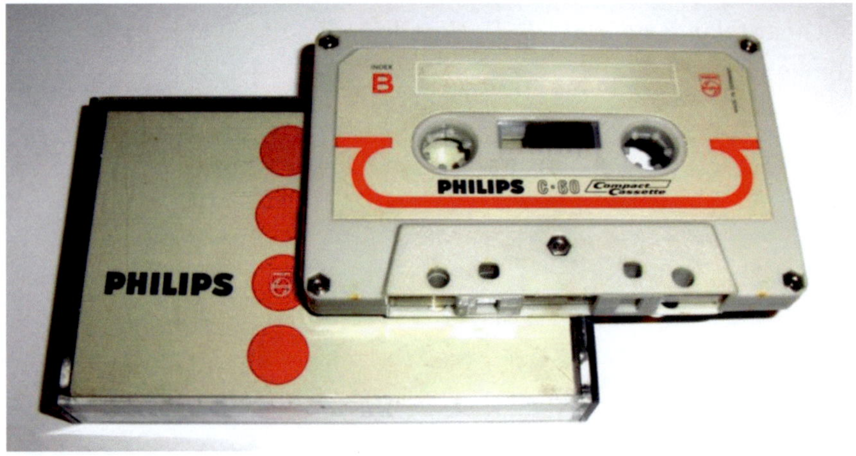

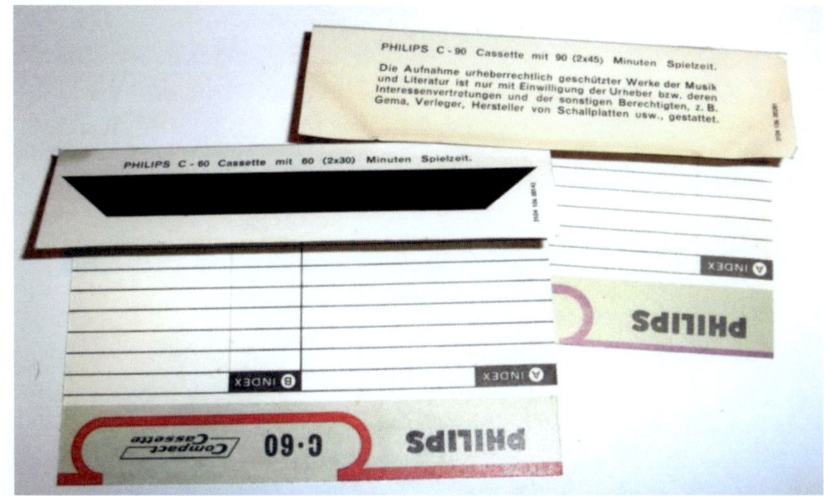

Die zweite Generation gibt es als C 60, C 90 und C 120. Der Aufdruck über das Urheberrecht wurde vom Werk geschwärzt. Kostbar sind die Cassetten mit Schrauben und Muttern, selten die, die für Schrauben gedacht waren, aber geklebt wurden.

CASSETTE VORHANDEN **CASSETTE GESUCHT**

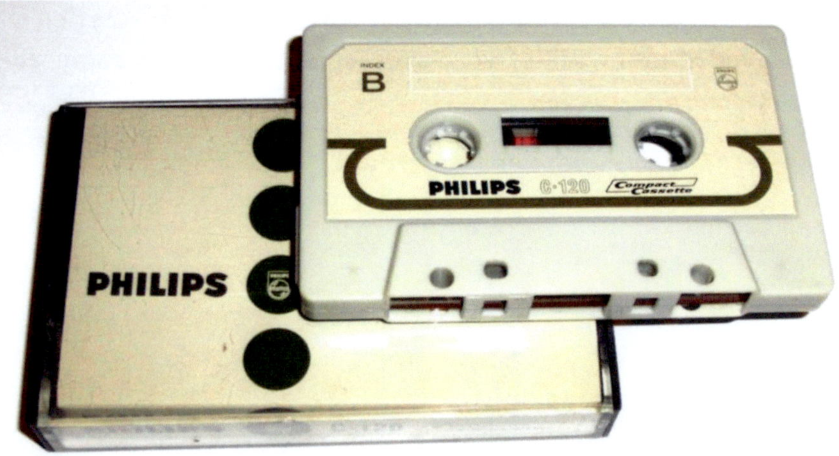

CASSETTE VORHANDEN **CASSETTE GESUCHT**

Kontrollieren sollten Sie auch den Andruckfilz. Auch wenn er noch festsitzend aussieht, könnte er bei Benutzung abfallen. Bei Cassetten, die geschraubt sind, werden die Gleitfolien gereinigt und die Abschirmbleche, je nach Material, sowie die Chromstahlachsen, falls vorhanden, entmagnetisiert.

Die zweite Generation kam nach 1965, als PHILIPS die Technologie allen zur Verfügung stellte, auf den Markt. Wir können sagen, von 1966 bis 1971. Dann folgte die nächste Generation.

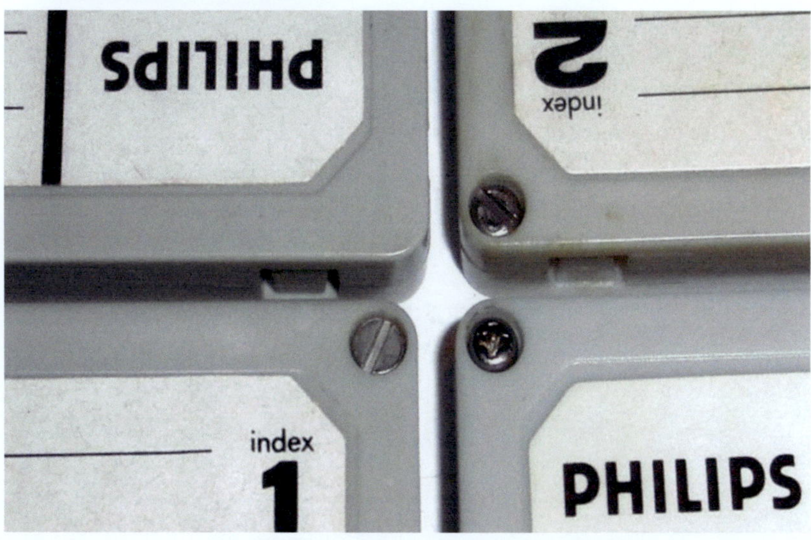

CASSETTE
VORHANDEN

CASSETTE
GESUCHT

In dieser Cassetten-Generation ist auch die erste PHILIPS-Chrom-Cassette zu finden. 1970 stellte AGFA als erster Hersteller eine Chromdioxid-Cassette vor, die Stereo-Chrom. Während die Cassetten von AGFA und BASF immer noch in großen Stückzahlen zu erhalten ist, ist die PHILIPS-Chrom sehr gesucht. Natürlich sollte die AGFA, wichtig ist, ohne SM, nicht fehlen!

CASSETTE
VORHANDEN

CASSETTE
GESUCHT

CASSETTE
VORHANDEN

CASSETTE
GESUCHT

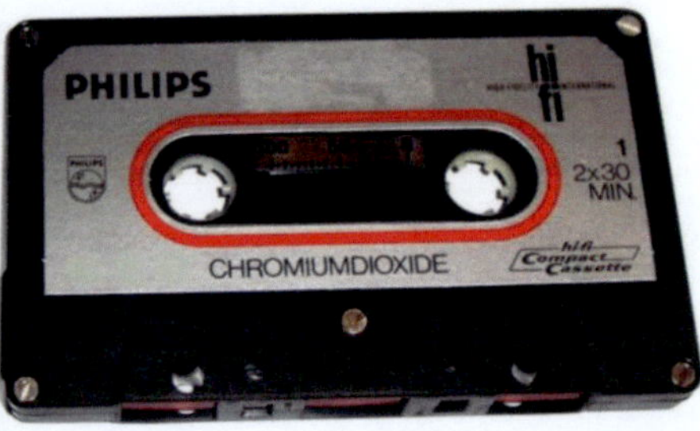

Die oben abgebildete Chrom-Cassette ist sehr gesucht. Ab 1975 folgte die nächste Generation.

 **CASSETTE VORHANDEN**

 **CASSETTE GESUCHT**

 **CASSETTE VORHANDEN**

 **CASSETTE GESUCHT**

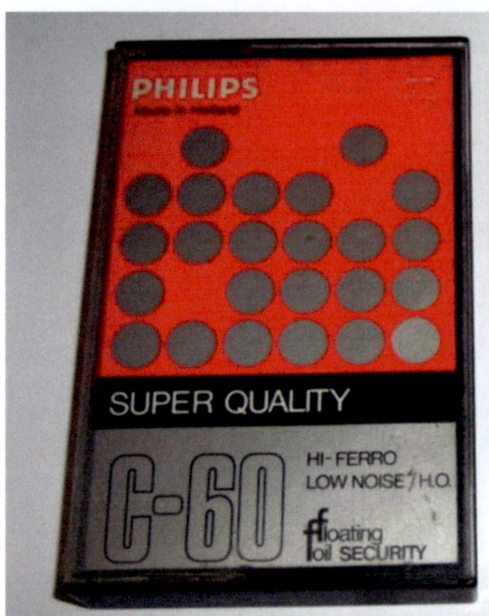

 **CASSETTE VORHANDEN**

 **CASSETTE GESUCHT**

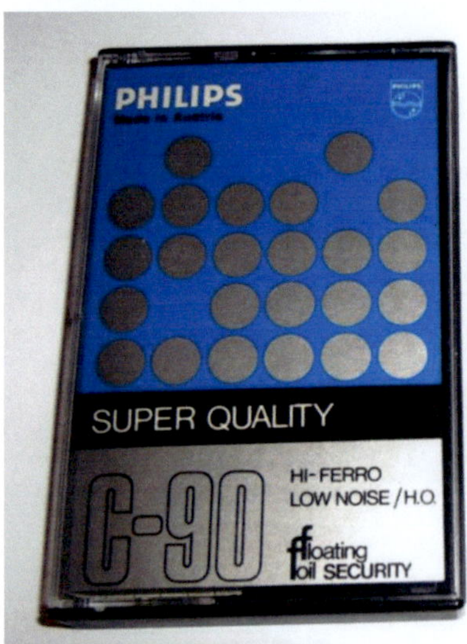

 **CASSETTE VORHANDEN**

 **CASSETTE GESUCHT**

CASSETTE VORHANDEN

CASSETTE GESUCHT

CASSETTE VORHANDEN

CASSETTE GESUCHT

1978 ging es dann mit einer weiteren Cassetten-Generation weiter. Wer übrigens eine Cassette der Schrauben/Muttern-Generation erworben hat und eine Schraube oder Mutter fehlt, der kann im Internet oder Baumarkt neue Schrauben und Muttern in Größe M2 erwerben. Die Schrauben haben die Größe 2x10 mm für die Schraube in der Mitte. 4 Schrauben haben die Größe 2x6 mm. Echte Cassetten der ersten Generation erkennen Sie daran, dass sie keine Löschnasen haben.

Die Preise der ersten Generation beginnen mit viel Glück bei etwas über 60 Euro und können bei 500 Euro enden, je nach Zustand. Die Cassetten lassen sich bei vorheriger Überprüfung noch gut abspielen und aufnehmen. Immerhin sind diese Cassetten bald 55 Jahre alt. Auch vorhandene Aufnahmen sind noch bestens. Hören Sie Beispiele in YouTube unter PHILIPS SÜLTZ. Dort hören Sie auch die wahrscheinlich welterste Aufnahme aus dem Jahr 1963 auf der Funkausstellung.

PHILIPS
Made in Belgium
STUDIO QUALITY
FERRO LOW NOISE
C·60
STUDIO QUALITY
PHILIPS
C60

CASSETTE VORHANDEN

CASSETTE GESUCHT

PHILIPS
Made in Belgium
STUDIO QUALITY
FERRO LOW NOISE
C·90
STUDIO QUALITY
PHILIPS
C·90

CASSETTE VORHANDEN

CASSETTE GESUCHT

PHILIPS
Made in Belgium
FERRO
Low Noise
floating
foil SECURITY
C-60
FERRO
PHILIPS
Compact Cassette
Made in Belgium
C-60
Noise reduction

CASSETTE
VORHANDEN

CASSETTE
GESUCHT

PHILIPS
Made in Holland
FERRO
Low Noise
floating
foil SECURITY
C-90
floating
foil SECURITY
FERRO
PHILIPS
Compact Cassette
Made in Holland
C-90
Low Noise
Noise reduction

CASSETTE
VORHANDEN

CASSETTE
GESUCHT

CASSETTE
VORHANDEN

CASSETTE
GESUCHT

CASSETTE
VORHANDEN

CASSETTE
GESUCHT

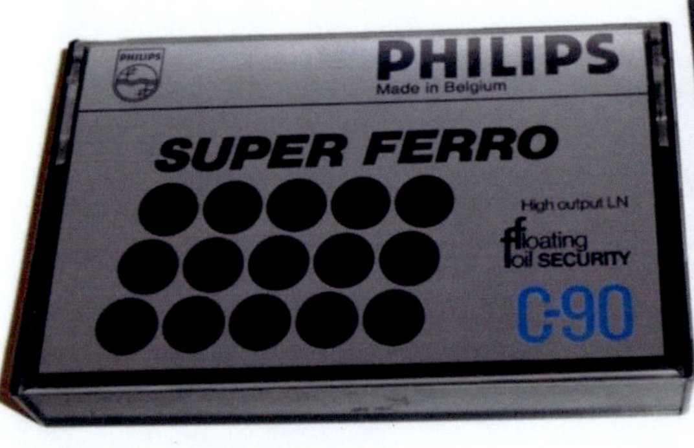
PHILIPS
Made in Belgium
SUPER FERRO
High output LN
floating
foil SECURITY
C-90

SUPER FERRO
PHILIPS A
Made in Holland
Compact Cassette
High output LN
Noise reduction
C-90

CASSETTE VORHANDEN

CASSETTE GESUCHT

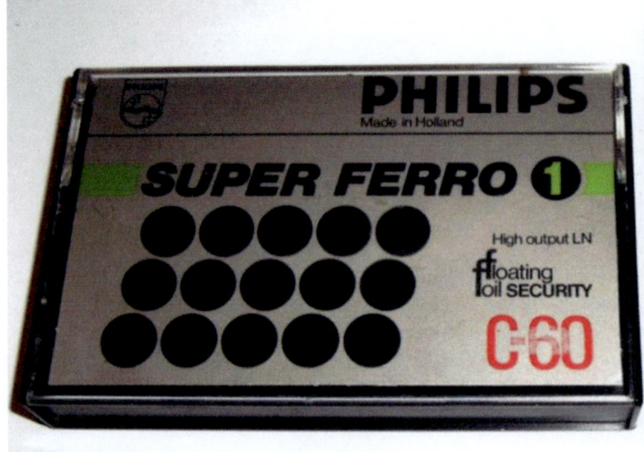
PHILIPS
Made in Holland
SUPER FERRO 1
High output LN
floating
foil SECURITY
C-60

SUPER FERRO 1
Compact Cassette
PHILIPS
Made in Holland
High output LN
Noise reduction
C-60

CASSETTE VORHANDEN

CASSETTE GESUCHT

CASSETTE GESUCHT

2x45 min
C-90
PHILIPS
Made in Holland
CHROMIUM
Hi-Fi
floating
foil SECURITY
C-90
CHROMIUM
PHILIPS
Mini
Compact
Cassette
Made in Holland
C-90
Hi-Fi
Noise reduction

CASSETTE VORHANDEN

CASSETTE GESUCHT

2x30 min
FERRO CHROMIUM
FERRO
PHILIPS
FERRO CHROMIUM
Hi-Fi
floating
foil SECURITY
C-60
FERRO CHROMIUM
PHILIPS
Mini
Compact
Cassette
Made in Holland
C-60
Hi-Fi
Noise reduction

CASSETTE VORHANDEN
CASSETTE GESUCHT

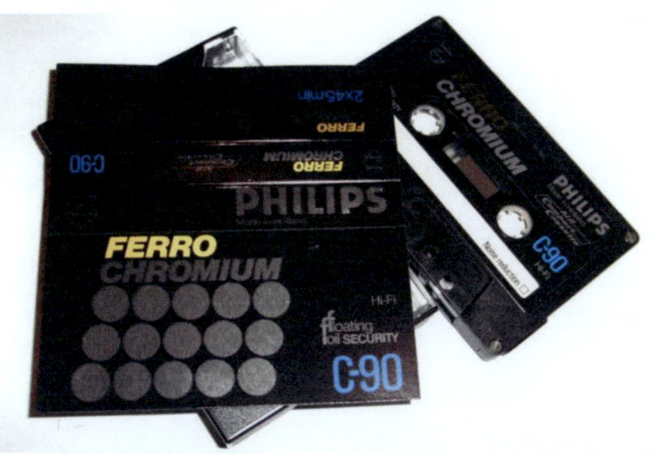

<table>
<tr><td></td><td>**CASSETTE VORHANDEN**</td><td></td><td>**CASSETTE GESUCHT**</td></tr>
</table>

CASSETTE VORHANDEN   **CASSETTE GESUCHT**   C 60

CASSETTE VORHANDEN   **CASSETTE GESUCHT**   C 90

1981 wurde wieder eine neue Cassetten-Generation eingeführt. Besonders die „Chromium 2 Studio Quality" ist gesucht.

 CASSETTE VORHANDEN	CASSETTE GESUCHT C 60
CASSETTE VORHANDEN	CASSETTE GESUCHT C 90

CASSETTE VORHANDEN   CASSETTE GESUCHT

PHILIPS
PHILIPS
FFS
FLOATING FOIL SECURITY
Compact Cassette
FERRO*C90
•HIGH PRECISION MECHANISM•
FERRO
C90

CASSETTE
VORHANDEN

CASSETTE
GESUCHT

PHILIPS
PHILIPS
FFS
FLOATING FOIL SECURITY
ULTRA FERRO
C60
ULTRA FERRO*C60
•ULTRA PRECISION MECHANISM•

CASSETTE
VORHANDEN

CASSETTE
GESUCHT

 CASSETTE VORHANDEN  CASSETTE GESUCHT

 CASSETTE VORHANDEN  CASSETTE GESUCHT

 **CASSETTE VORHANDEN**  **CASSETTE GESUCHT**

 **CASSETTE VORHANDEN**  **CASSETTE GESUCHT**

Weiter ging es 1984:

CASSETTE VORHANDEN

CASSETTE GESUCHT

CASSETTE VORHANDEN

CASSETTE GESUCHT

CASSETTE VORHANDEN   CASSETTE GESUCHT

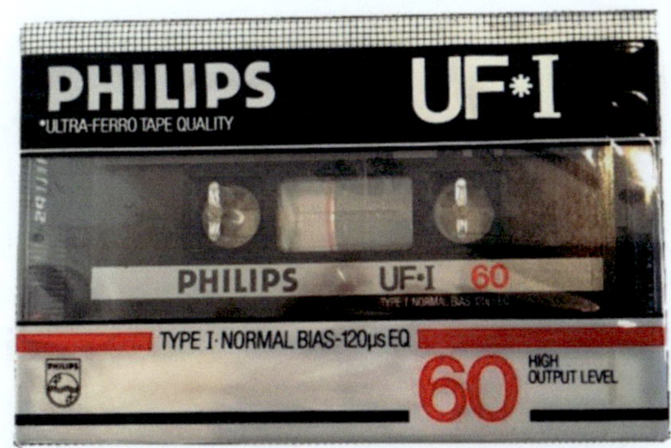

CASSETTE VORHANDEN   CASSETTE GESUCHT   C 60

CASSETTE VORHANDEN   CASSETTE GESUCHT   C 90

PHILIPS
UC*II
•ULTRA-CHROME TAPE QUALITY
PHILIPS
UC·II 90
TYPE II · HIGH BIAS-CrO2-70µs EQ
90
HIGH
DYNAMICS

CASSETTE
VORHANDEN
CASSETTE
GESUCHT
C 60
CASSETTE
VORHANDEN
CASSETTE
GESUCHT
C 90

MC 2

ME4

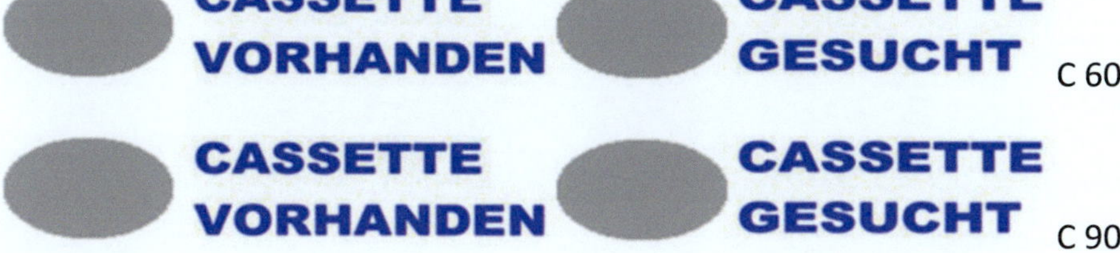

1985: Ähnliche Cassetten, es gab nur feine Unterschiede.

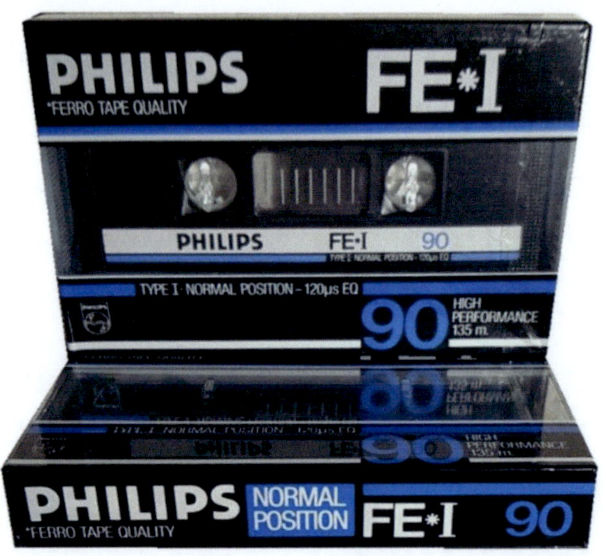

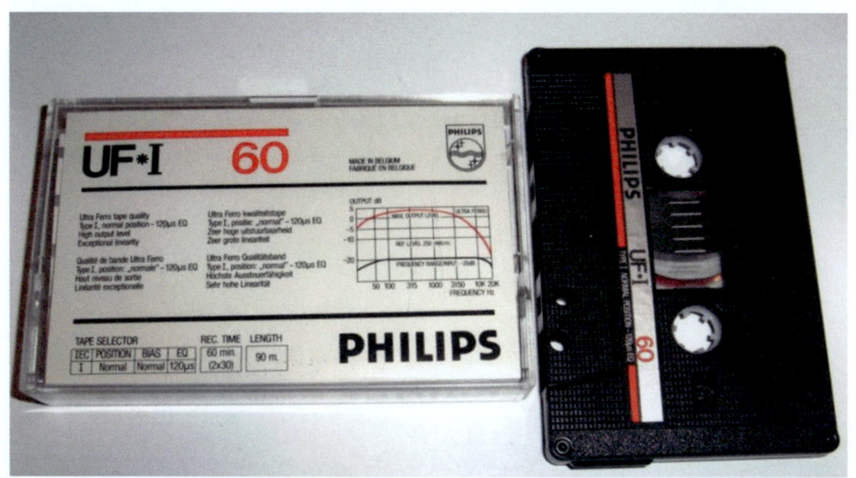

UF*I 60
MADE IN BELGIUM
FABRIQUÉ EN BELGIQUE
PHILIPS
Ultra Ferro tape quality
Type I, normal position – 120µs EQ
High output level
Exceptional linearity
Qualité de bande Ultra Ferro
Type I, position: „normale" – 120µs EQ
Haut niveau de sortie
Linéarité exceptionelle
Ultra Ferro kwaliteitstape
Type I, positie: „normal" – 120µs EQ
Zeer hoge uitstuurbaarheid
Zeer grote lineariteit
Ultra Ferro Qualitätsband
Type I, position: „normal" – 120µs EQ
Höchste Aussteuerfähigkeit
Sehr hohe Linearität
OUTPUT dB
MAX OUTPUT LEVEL
ULTRA FERRO
REF. LEVEL 250 nWb/m
FREQUENCY RANGE/INPUT –20dB
FREQUENCY Hz
TAPE SELECTOR
IEC POSITION BIAS EQ
I Normal Normal 120µs
REC. TIME
60 min.
(2x30)
LENGTH
90 m.
PHILIPS
UF*I 60
TYPE I NORMAL POSITION – 120µs EQ

CASSETTE
VORHANDEN
CASSETTE
GESUCHT

PHILIPS
*ULTRA FERRO TAPE QUALITY
UF*I
PHILIPS UF*I 90
TYPE I · NORMAL POSITION – 120µs EQ
TYPE I · NORMAL POSITION – 120µs EQ
90
HIGH
OUTPUT LEVEL
135 m.
PHILIPS
*ULTRA FERRO TAPE QUALITY
NORMAL POSITION
UF*I 90

CASSETTE
VORHANDEN
CASSETTE
GESUCHT

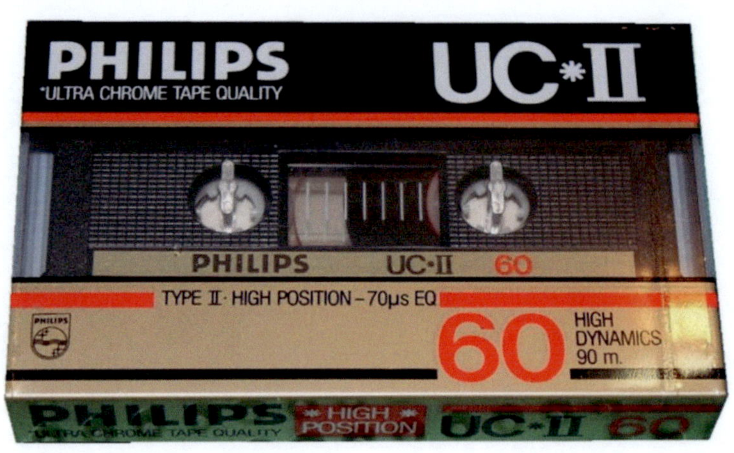

PHILIPS
*ULTRA CHROME TAPE QUALITY
UC*II
PHILIPS UC·II 60
TYPE II· HIGH POSITION – 70µs EQ
60 HIGH DYNAMICS 90 m.
PHILIPS
*ULTRA CHROME TAPE QUALITY
HIGH POSITION
UC·II 60

CASSETTE VORHANDEN
CASSETTE GESUCHT

UC*II 90
MADE IN BELGIUM
FABRIQUE EN BELGIQUE
PHILIPS
PHILIPS
UC-II
90
TYPE II HIGH POSITION–70µs EQ

CASSETTE VORHANDEN
CASSETTE GESUCHT

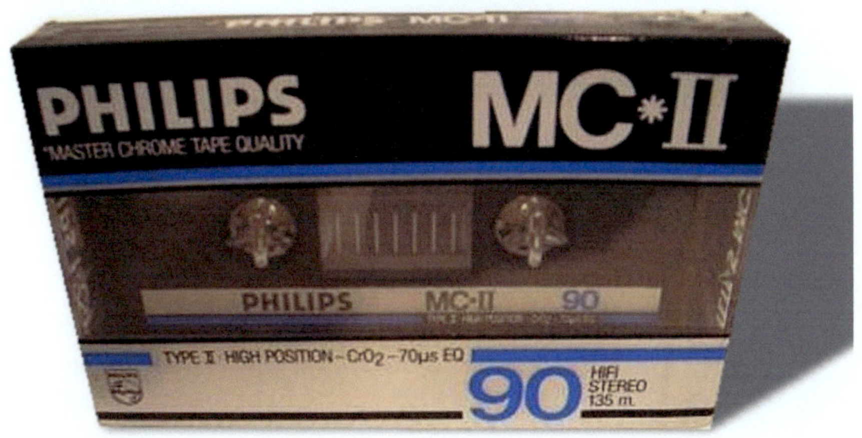

1986 gab es dann wieder ein ganz neues Design. Auf Vollständigkeit kann ich natürlich keine Gewähr geben.

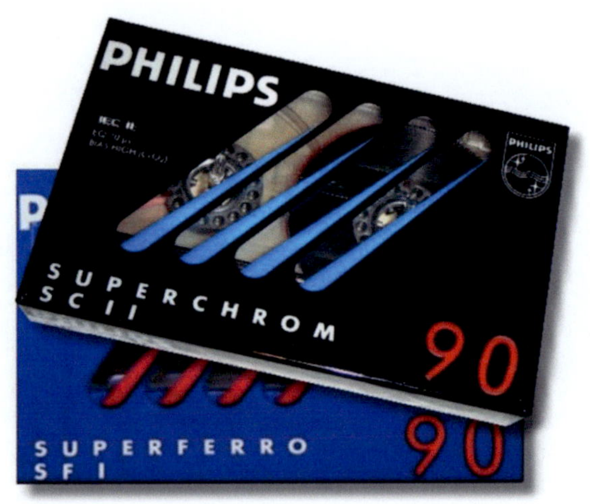

SUPERFERRO SF 1:

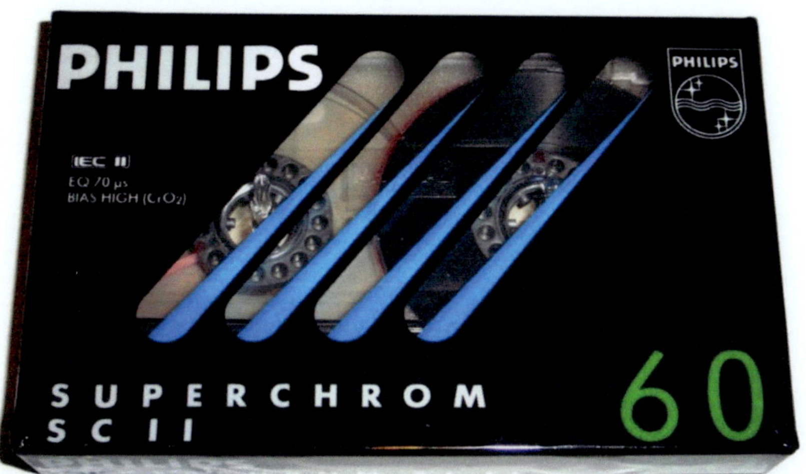

CASSETTE VORHANDEN

CASSETTE GESUCHT

CASSETTE VORHANDEN

CASSETTE GESUCHT

1987:

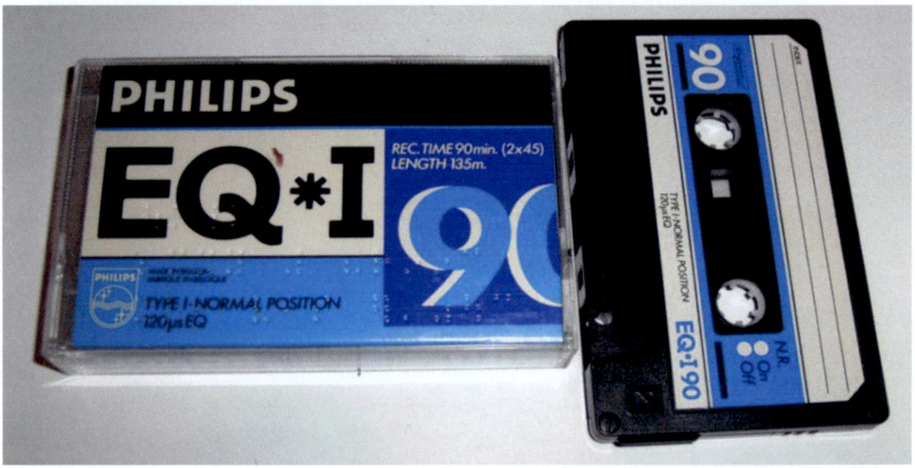

1988:

CASSETTE VORHANDEN
CASSETTE GESUCHT
C 60

CASSETTE VORHANDEN
CASSETTE GESUCHT
C 90

CASSETTE VORHANDEN
CASSETTE GESUCHT

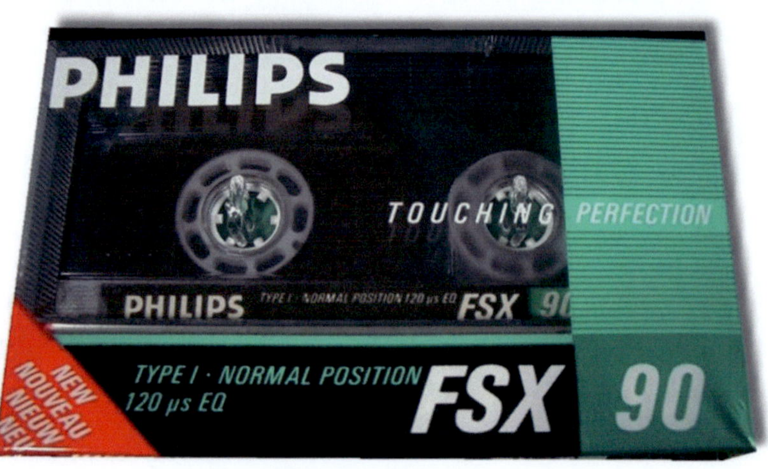
PHILIPS
TOUCHING PERFECTION
PHILIPS
TYPE I · NORMAL POSITION 120 µs EQ FSX 90
NEW
NOUVEAU
NIEUW
NEU
TYPE I · NORMAL POSITION
120 µs EQ
FSX 90

CASSETTE VORHANDEN

CASSETTE GESUCHT

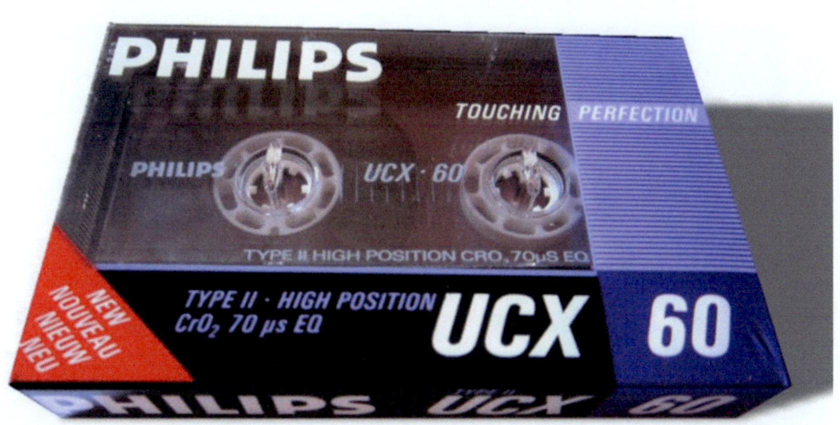

PHILIPS
TOUCHING PERFECTION
PHILIPS
UCX · 60
TYPE II HIGH POSITION CRO₂ 70µS EQ
NEW
NOUVEAU
NIEUW
NEU
TYPE II · HIGH POSITION
CrO₂ 70 µs EQ
UCX 60
PHILIPS UCX 60

CASSETTE VORHANDEN
CASSETTE GESUCHT

TOUCHING PERFECTION
PHILIPS UCX 90
TYPE II · HIGH POSITION CrO₂ 70 µs EQ
PHILIPS
PHILIPS
UCX · 90
TYPE II HIGH POSITION CRO₂ 70µS EQ

CASSETTE VORHANDEN
CASSETTE GESUCHT

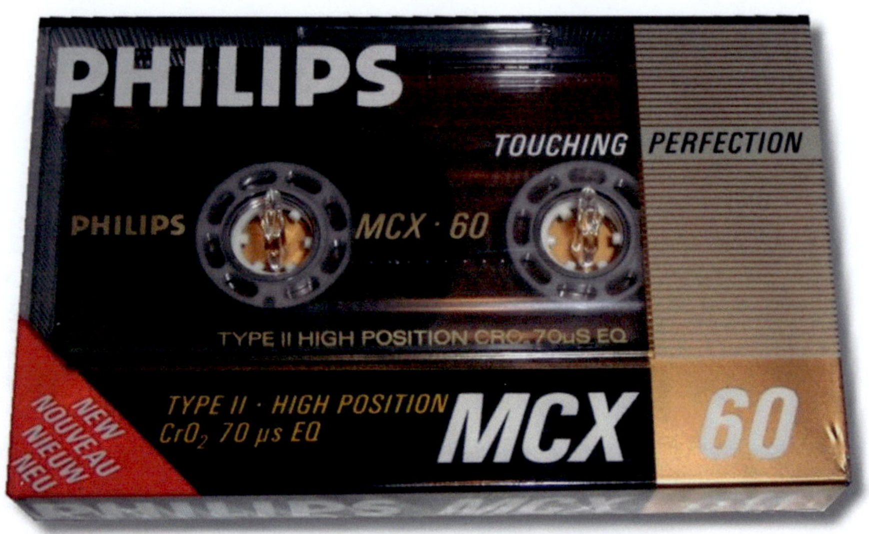
PHILIPS
TOUCHING PERFECTION
PHILIPS MCX · 60
TYPE II HIGH POSITION CRO₂ 70uS EQ
TYPE II · HIGH POSITION
CrO2 70 µs EQ
MCX 60
NEW
NOUVEAU
NIEUW
NEU

CASSETTE VORHANDEN
CASSETTE GESUCHT
C 60
CASSETTE VORHANDEN
CASSETTE GESUCHT
C 90

CASSETTE VORHANDEN
CASSETTE GESUCHT
C 60
CASSETTE VORHANDEN
CASSETTE GESUCHT
C 90
CASSETTE VORHANDEN
CASSETTE GESUCHT
C 60
CASSETTE VORHANDEN
CASSETTE GESUCHT
C 90

1989:

	CASSETTE VORHANDEN		CASSETTE GESUCHT	
				C 60
	CASSETTE VORHANDEN		CASSETTE GESUCHT	C 90

1990:

PHILIPS
Normal Positio
Fs
PHILIPS
Fs 60
Normal Position (Type I) 120µsEO
FERRO
FS 60
60

CASSETTE VORHANDEN
CASSETTE GESUCHT
C 60
CASSETTE VORHANDEN
CASSETTE GESUCHT
C 90

CASSETTE VORHANDEN   **CASSETTE GESUCHT** C 60

CASSETTE VORHANDEN   **CASSETTE GESUCHT** C 90

CASSETTE VORHANDEN   CASSETTE GESUCHT   C 60

CASSETTE VORHANDEN   CASSETTE GESUCHT   C 90

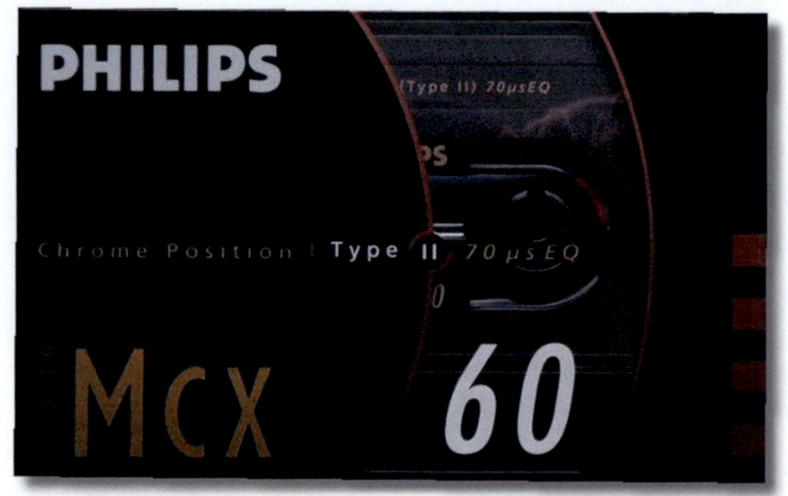

PHILIPS
(Type II) 70µsEQ
Chrome Position | Type II 70µSEQ
MCX
60

CASSETTE VORHANDEN
CASSETTE GESUCHT
C 60
CASSETTE VORHANDEN
CASSETTE GESUCHT
C 90

CD EXTRA:

PLUS METAL:

1994:

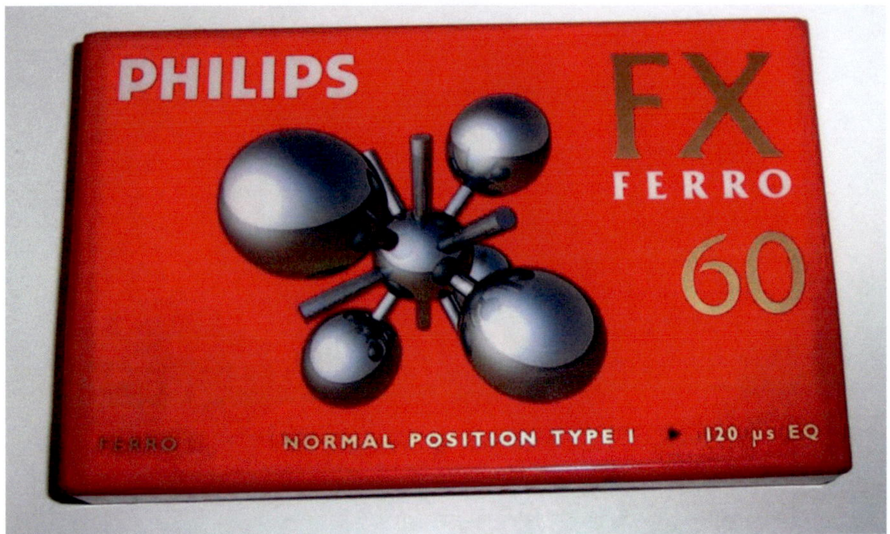

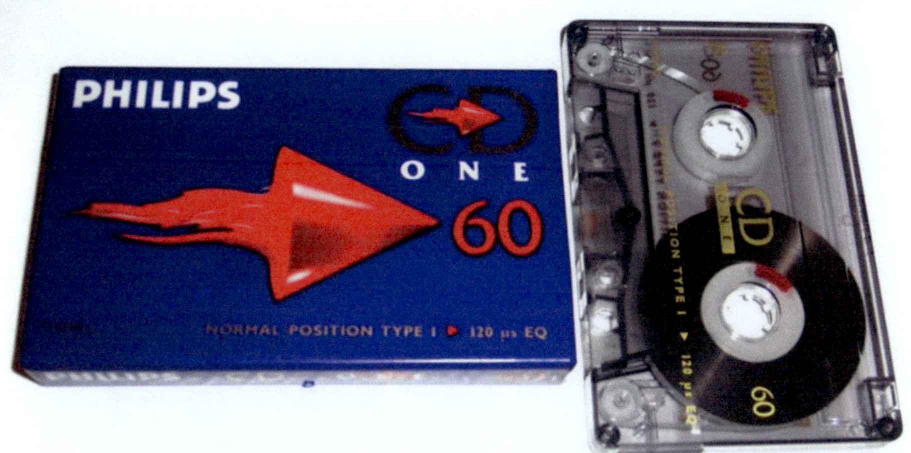

PHILIPS
CD ONE
60
NORMAL POSITION TYPE I ▶ 120 µs EQ

CASSETTE VORHANDEN
CASSETTE GESUCHT

PHILIPS
CD ONE
90
FERRO
NORMAL POSITION TYPE I ▶ 120 µs EQ
PHILIPS CD ONE

CASSETTE VORHANDEN
CASSETTE GESUCHT

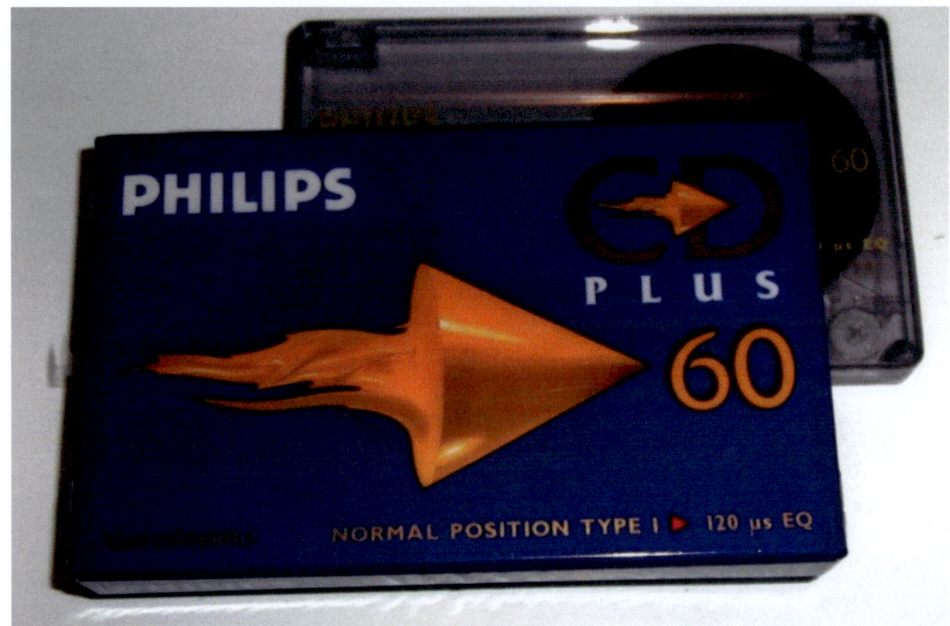

CASSETTE VORHANDEN   CASSETTE GESUCHT   C 90

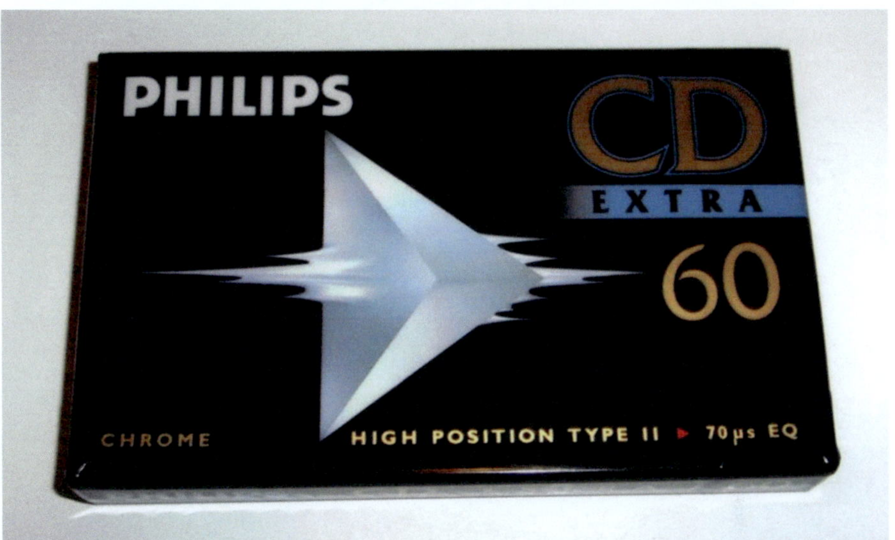

PHILIPS
CD
EXTRA
60
CHROME
HIGH POSITION TYPE II ▶ 70 µs EQ

CASSETTE VORHANDEN
CASSETTE GESUCHT

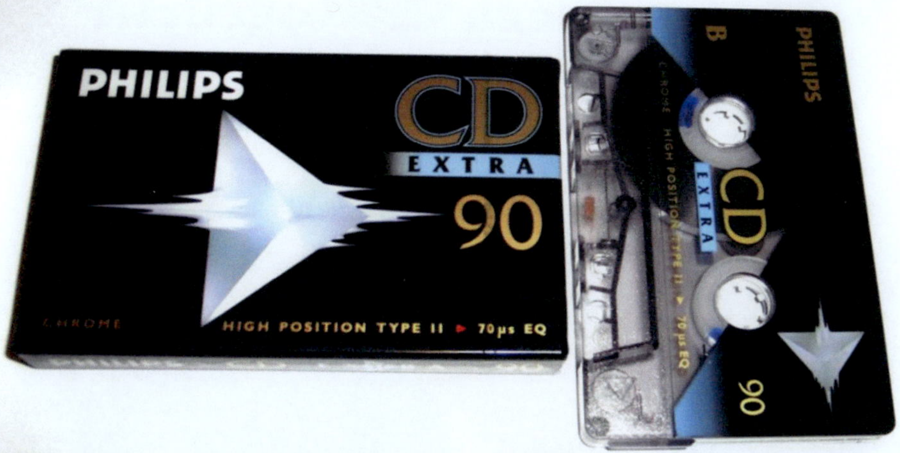

PHILIPS
CD
EXTRA
90
CHROME
HIGH POSITION TYPE II ▶ 70 µs EQ
B
PHILIPS
CHROME HIGH POSITION TYPE II ▶ 70 µs EQ
CD
EXTRA
90

CASSETTE VORHANDEN

CASSETTE GESUCHT

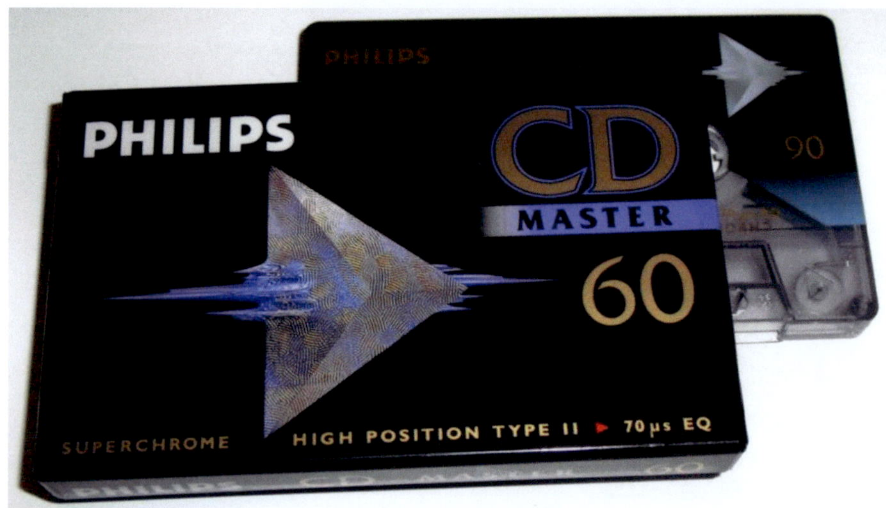

Ab 1997 brachte PHILIPS dann die letzte Generation auf den Markt:

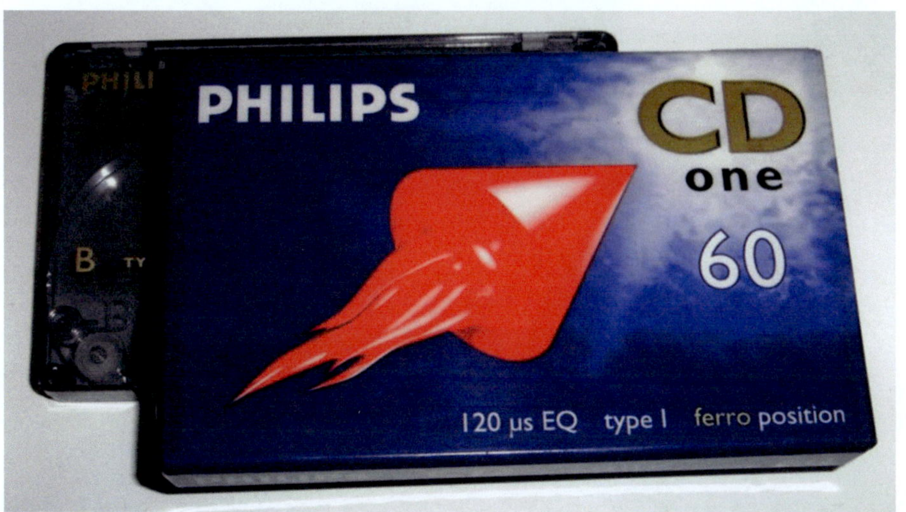

PHILIPS
CD
one
60
120 µs EQ   type I   ferro position

CASSETTE VORHANDEN
CASSETTE GESUCHT
C 60
CASSETTE VORHANDEN
CASSETTE GESUCHT
C 90

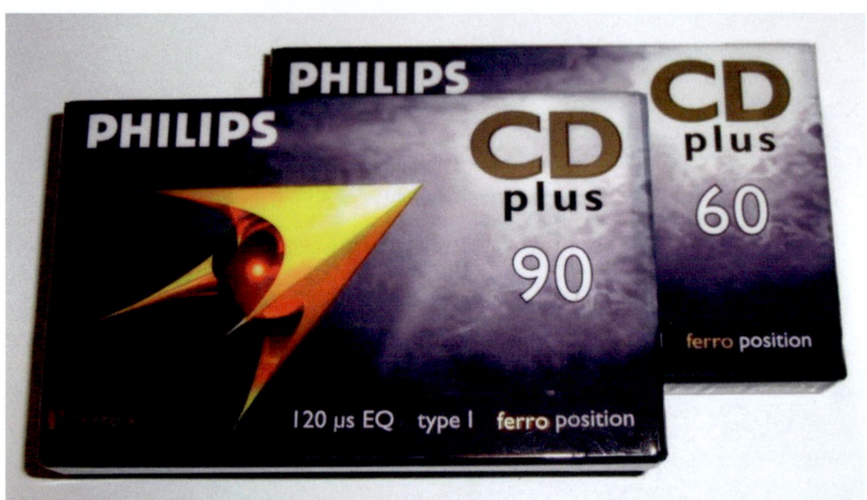

PHILIPS
PHILIPS
CD plus 90
CD plus 60
120 µs EQ   type I   ferro position
ferro position

PHILIPS
plus
60
NORMAL POSITION TYPE I
CD plus 60
PHILIPS
PHILIPS
A
type I   ferro position   120 µs EQ
PHILIPS   CD plus   FERRO

CASSETTE
VORHANDEN

CASSETTE
GESUCHT

CASSETTE VORHANDEN   CASSETTE GESUCHT   C 60

CASSETTE VORHANDEN   CASSETTE GESUCHT   C 90

PHILIPS Beigaben zu Recordern:

1
PANASONIC C-60 Tape Cartridge
C30 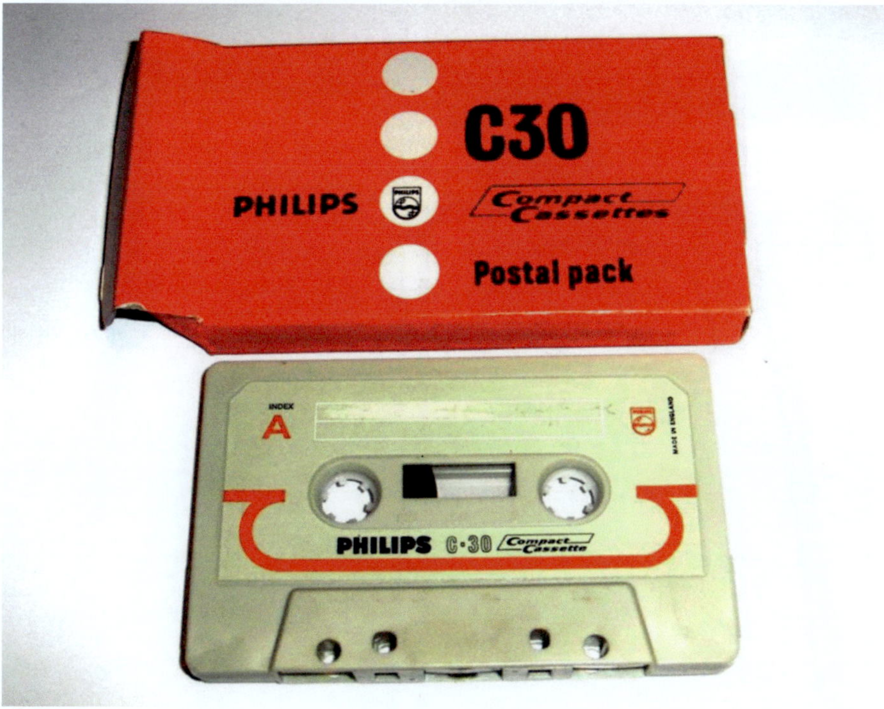
PHILIPS Compact Cassettes
Postal pack
INDEX
A
MADE IN ENGLAND
PHILIPS C·30 Compact Cassette

PHILIPS Produkte:

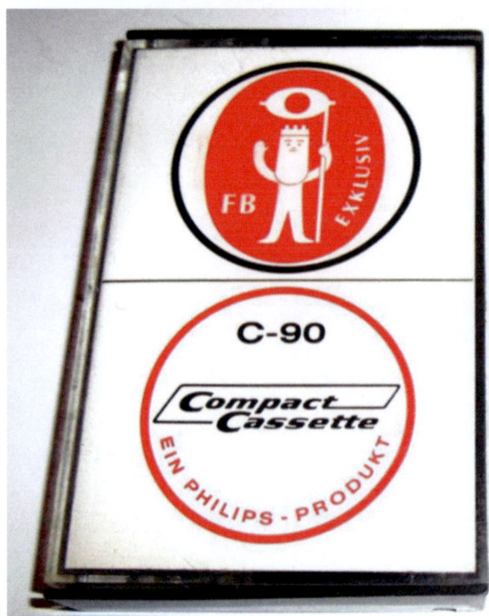

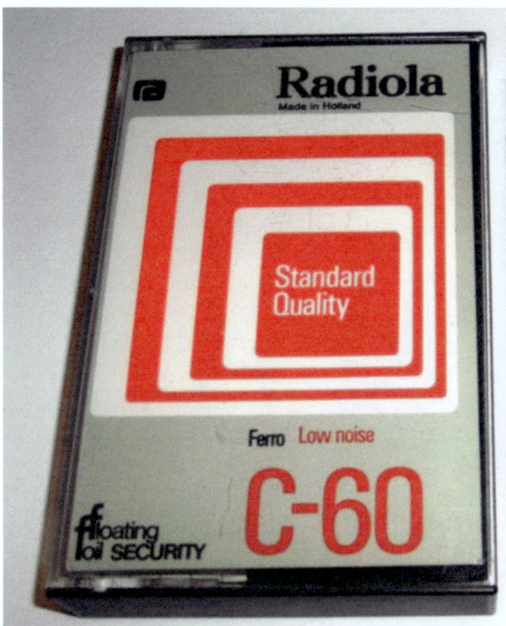
Radiola
Made in Holland
Standard
Quality
Ferro Low noise
C-60
floating
oil SECURITY

Radiola
Made in Holland
C-60
2x30min
Standard
Quality
Ferro
floating
oil SECURITY
Compact Cassette
2

RADIOLA
FERRO
HIGH PRECISION MECHANISM

FPS
FERRO RADIOLA
HIGH PRECISION MECHANISM · NORMAL BIAS : 120 µs EQ

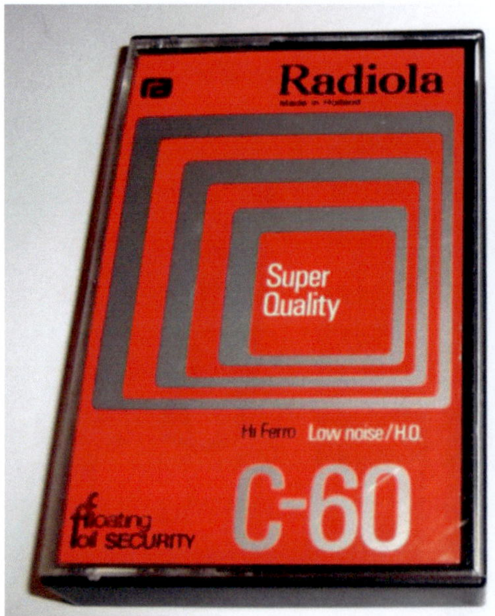
Radiola
Made in Holland
Super
Quality
Hi Ferro   Low noise/H.O.
C-60
floating
foil SECURITY

C-60
2x30min
Radiola
Made in Holland
Super
Quality
floating
foil SECURITY
Compact Cassette
Hi Ferro   Low noise/H.O.
2

WHSMITH
Ferro Cassette
C90
WHSMITH
£1·05

WHSMITH
Ferro C90 Cassette
Made in Holland
Side B

Als Abschluss des ersten Teils möchte ich sagen, die Compact Cassette lebt! Neue Cassetten werden immer noch produziert. Die Preise für Markencassetten, die original verpackt sind, steigen. Bei Gebrauchtware müssen Sie Glück haben, wenn das Bandmaterial einwandfrei ist. Bei den Cassetten, die nur gesammelt werden, sind alle mit Schrauben und Muttern viel wert. Viel Freude bei diesem Hobby wünscht *Uwe H. Sültz*

Ausblick auf weitere Teile der COMPACT CASSETTEN REPORT-Serie:

-   Die Anfänge mit Schrauben und Muttern bei Compact Cassetten und MusiCassetten

-   Werbe-Cassetten aus den Anfängen

- Service-Cassetten

1 3 5 7 9
811·CC1
Service
Service
Service
Head cleaning cassette
Cassette de nettoyage
Reinigungscassette
Reinigingscassette
Cassette de limpieza
Rengöringskassett
1
PHILIPS
Head cleaning
Cassette
Reinigungsca
Reinigingscass
Cassette de limpieza
Rengöringskassett
PHILIPS
PHILIPS
PHILIPS
2

PHILIPS   5000 Hz
Norelco
07.2

PHiLIPS Code: 4822 218 00199
5 kHz Azimuth-Service auf max. V-out einst
Norelco
6 5.1
TEL-EX
M-800

Kalender 2063

100 Jahre Compact Cassetten
1963 - 2063

Uwe H. Sültz

Fotokalender für 2063 mit 50 Compact Cassetten-Abbildungen ab 1963.

Compact Cassetten Recorder
REPORT
Uwe H. Sültz
PHILIPS
PHILIPS
Sültz Bücher

Neuaufbau eines PHILIPS EL 3302 ● Gedichte
Service-Cassetten ● Erste Cassetten großer Marken
Geräte mit EL 33XX Chassis ● Einlochkassette
EL 3300 erste & zweite Ausführung ● Geschichten